国家林业局宣传中心 主持出版

绿野寻踪

黑鹳的故事

山西灵丘黑鹳省级自然保护区管理局　主编

中国林业出版社

目录

第一篇 珍禽黑鹳

黑鹳，是一种大型涉禽，俗名叫老油鹳、乌鹳等。在动物界属鸟纲鹳形目鹳科鹳属。鹳形目鸟类在我国有 3 种，分别是黑鹳、东方白鹳和白鹳。

名字的来历

　　早在 6000 多年前的仰韶文化时期，黑鹳就已经被人们所认识。2000 多年前，有了关于黑鹳的文字记述。三国时期，吴国陆玑在《毛诗陆疏广要》中对黑鹳形态特征的描述就是我们今天所见到的黑鹳。为了区别于东方白鹳等其他鹳形目鸟类，人们就将它叫做黑鹳（或叫乌鹳）了。

东方白鹳

亲戚_西方白鹳

　　除了"黑鹳"这一正式的名字，它还有很多别名。比如，由于体型像过去人们盛油的、黑黑的、扁扁的油篓子，人们就叫它老油鹳（罐）；又因为它的食物主要是鱼，所以人们又给它起了个别名叫老（捞）鱼鹳；还有，它的身体从远处看像一只黑黑的大锅，因此又形象地称它为锅鹳。这就像人们给小孩子起乳名一样，代表着亲昵和友好。

体态优雅

黑鹳成鸟体态高大优美，羽色艳丽鲜明，给人一种高雅端庄、雍容华贵的感觉。成鸟身高能到 90 ～ 100cm，身长在 100 ～ 120cm。它们亭立于阳光下，全身黑色羽毛中泛着金属光泽，映现出多种色彩，有绿色、紫色、橄榄色、青铜色等。它的腹部羽色洁白。

黑鹳眼周围的裸皮鲜红色。嘴鲜红色，嘴形长而直，粗壮，嘴端尖细。腿细长，鲜红色。

品性高洁

黑鹳深受人们喜爱，在自然界享有"鸟类大熊猫"的美誉。它们体态优美，高雅端庄；志存高远，豪气冲天；鸟中君子，生性好洁；团结互助，尊长爱幼；忠贞不渝，一生相随；与人为邻，和睦相处。

形态优美 高雅端庄

黑鹳具有强大的飞翔能力。在碧蓝的天空，头颈前伸，双腿后掠，看它的飞翔姿势，会让人误认为是飞翔的鹤类或巨大的猛禽。

黑鹳飞行高度都在300m以上，飞行时豪气冲天，一副志存高远的形态。

　　黑鹳只食清澈见底浅流中的小鱼、小虾、蝌蚪等，对肮脏之物从不问津。在工业废气弥漫的地方，很难看到黑鹳的身影。

　　黑鹳集体觅食，集体活动，集体巢居，集群越冬，团结互助，共渡难关。

人类伙伴

野生状态下，黑鹳栖居地有的远离人群，有的却与人类共居，它们能够与人为邻、和睦相处，为人类带来"鸟语花香"的自然环境。

黑鹳在中国

　　在中国的东北地区、长江中下游地区和河北、北京、山西、河南、新疆、宁夏、陕西、甘肃、云南、广东、广西、台湾等地都有分布。

分布在新疆的黑鹳

分布在云南的黑鹳（于凤琴　摄）

19

中国黑鹳之乡——山西灵丘黑鹳分布地

北京门头沟黑鹳分布地

新疆塔里木盆地胡杨林中的黑鹳

北京房山蒲洼乡黑鹳分布地

北京密云黑鹳分布地

近十几年来，由于自然生态环境变迁及人类活动影响，黑鹳种群数量在全球范围内都明显下降，繁殖分布区急剧缩小，从前的繁殖地如瑞典、丹麦、比利时、荷兰、芬兰等国已见不到它们的踪迹。在我国，黑鹳繁殖区集中在辽宁朝阳、山西灵丘、宁武，四川理塘等地。在北京十渡、山西灵丘一带，可见到几十只的黑鹳越冬种群。

新疆艾比湖的黑鹳幼雏与窝

新疆巴音布鲁克的黑鹳幼鸟

新疆精河县的黑鹳

国际上已将黑鹳列入《濒危野生动植物种国际贸易公约》。我国在《国家重点保护野生动物名录》中，将黑鹳列为Ⅰ级重点保护野生动物；《中国濒危动物红皮书》中列为濒危种。

第二篇 生活环境

　　黑鹳的生活离不开山，离不开水，它们在河水溪流中觅食，在悬崖峭壁或高大树木上筑巢。

　　它们的栖息地多选择在人迹稀少、僻静、植被茂盛、觅食较为方便的地方。不同的地域生活环境又有所不同。在山西、河北、北京、陕西、吉林等省份，它们把巢穴筑在山地峭壁的凹处石岩或浅洞处，而在新疆塔里木河中游，由于当地生长着高大的胡杨林，它们会把巢穴筑在绿洲湿地边高大伟岸的胡杨树上。

黑鹳与众不同的喂食方法

在人迹罕至的悬崖峭壁安家

黑鹳生性机警，喜欢寂静，居住地人迹稀少，环境僻静。在山西省的栖居地，多属剥蚀构造地貌类的断块山地、褶皱断裂山地和穹窿山地。这些山体主要由石英砂岩、石灰岩、花岗岩等组成，形成了沟谷深切、悬崖峭壁，这样的地形地貌，为黑鹳提供了适宜的营巢环境。

在背风、保暖、阳光照射充足的地方孕育后代

　　黑鹳每年孵化时间要早于其他鸟类，这时天气还比较寒冷，所以它们会选择在阳光充足、避风保暖的地方筑巢，朝向多为东南向和西南向。巢外有茅草窝，里面是天然洞穴或石檐，起到遮风避雨的作用。它们在孵化、哺育幼鹳的过程中要保证巢穴暖和，才有利于幼鹳的成活和发育。

新疆塔里木胡杨林巨型黑鹳巢——可以容纳5人

　　在海拔 700 ～ 1300m 的地方，环境隐蔽，不易受到外界侵扰，黑鹳选择这里建巢，能够避免外部环境破坏及天敌的侵害，也为了保证产卵育雏的安全。

在河流小溪等处寻觅食物

黑鹳食物比较单调，主要是小鱼、小虾、青蛙、蝌蚪等水中生物。所以，清洁的小河、溪流是黑鹳喜欢落脚的地方。

第三篇 繁衍后代

春天来了，大地渐渐回春。动物们也要开始新的生活了。黑鹳"已婚"的要重修巢穴，为繁育新生命而辛勤努力；"未婚"的就要先找"对象"了。

看到了心仪的对象

叼来小鱼献殷勤

亲爱的，嫁给我吧

　　黑鹳一般在4岁性成熟，到了婚配的年龄。这时期雄性黑鹳就会表现得非常殷勤，有时候仰起头用大嘴巴打出"嘎达—嘎达—"的声音，这是在召唤雌性。黑鹳选择配偶的标准较高，"恋爱"期要一年左右，在此期间，相互了解，增进情感。一旦结成连理，便雌雄相伴，终生不渝，不离不弃，堪称模范夫妻。

缠绵

窃窃私语

　　恋爱中的雌雄黑鹳会在一块儿卿卿我我，耳鬓厮磨，窃窃私语，交颈缠绵，最终完成交配。整个婚配仪式隆重、神秘而神圣。

筑巢

"已婚"和"新婚"的黑鹳夫妇们，接下来要做的事便是修筑巢穴，准备生育后代。

　　黑鹳用粗长的乔、灌木树枝构成巢的主体。巢的主体部分由细长的小灌木树枝，干燥苔藓，细软的草根、草茎，羊毛和枯叶等组成。建一个巢大约需要一周时间。

黑鹳卵

一窝产卵5枚

产卵

　　巢穴修建好后，黑鹳就进入了产卵期。一般在3月中旬开始产卵。每窝产卵2～4枚，也有5枚的情况。卵的形状呈椭圆形、乳白色，重100g左右。

孵化

　　孵卵的任务主要由雌鹳来承担，雄鹳除了几次外出觅食外，其余时间都站在雌鹳的身边守护。到了孵化的中期，雄鹳也有时替换雌鹳孵卵，可以让雌鹳外出活动、觅食。

在孵卵期间，黑鹳夫妇都表现出超常的尽心。准爸爸除了外出寻找食物外基本不离开巢穴，一旦发现风吹草动就会警觉地在巢穴上空盘旋，如果有危险到来则会拼命保护巢穴和准妈妈的安全。准妈妈孵卵也是十分投入，孵卵的时候即使遇到再大的惊扰也一动不动，一副视死如归的样子。

经过约 33 天的辛勤孵化，黑鹳宝宝依次破壳而出，新的生命诞生了。刚出壳的黑鹳小宝宝眼睛微微睁开，全身布满了白色的胎绒羽，体重在 100g 左右。

育雏

雏鸟出壳后的第二天就能吃食了。爸妈将捕到的食物吞入喉咙，返回巢中，嘴对嘴哺喂雏仔。3～4日后，父母会将食进去的半消化的食物吐到巢中，让小宝宝自己练习啄食。再大一点，爸妈就会捕来小鱼喂食孩子们了。

　　当小宝宝长到能站在巢中活动、嬉戏时，它们的父母会衔回一些彩色的布片，来装饰巢穴或用来当作幼鹳的玩具。晚上，黑鹳夫妇双双卧于巢内，妈妈会用翅膀搂着小宝宝，爸爸则卧在外围守护母子们。

试飞

黑鹳宝宝出壳大约 70 天后，正是北方夏季最惬意的时候。这时的黑鹳宝宝要练习离巢了——它们开始试飞。

　　起先，幼鹳要在父母的引领下出巢，它们先在巢穴边上站立一段时间，熟悉外面的环境。父母对孩子给予心理上的鼓励，然后再给孩子们做几次示范。这时，胆大的宝宝就会跟随父母开始试飞，几次后就能滑翔自如；而胆怯的宝宝在看到其他兄弟姊妹飞离巢穴后也会忍不住好奇，勇敢地放飞自己。黑鹳宝宝们要慢慢学习自己独立成长了。

　　刚开始，幼鹳仅在巢的附近活动，慢慢地飞向险峻的山崖边进行跨越山谷的飞行练习，如果遇到风雨等恶劣天气就马上返回巢中。

还是自己去找食吧

独自到河中觅食

遇到同宗不同族的苍鹭

　　出生 100 多天后，黑鹳宝宝们要随父母外出到更大范围地觅食了。这时，它们逐渐具备了独自生活能力。但它们并不急于离开父母，而是随父母生活一段时间之后，再开始自己独立的生活。

独立

　　从出生到 10 月份，黑鹳幼鸟基本能独立生活了。这一时期经常可见到溪流边幼鹳自己独立寻找食物的身影。它们此时还未退去稚气，用刚从父母那里学来的捕食本领小心翼翼地洞察着水中小鱼、小虾的迹象，警觉地观察着周围的情况，就这样一天天长大、强壮起来。

第四篇 生活规律

夜宿

　　黑鹳喜欢在陡峭的悬崖峭壁上部的石缝、石洞平台等处建巢，夜间就在这里歇息。

　　黑鹳有沿用旧巢的习性，一般在一个地方住几年至十几年，除非巢穴被人或天敌破坏，它们才会搬家。

早起

　　"日出而离、日落而入"是黑鹳每天的作息规律。每天清晨五六点钟，天刚蒙蒙亮，黑鹳们就开始了一天的活动。它们很少睡懒觉，就连刚出生几个月的黑鹳宝宝也一样。

早上起来，简单收拾一下后，黑鹳夫妇便带着孩子们离巢外出了，时间一般在六七点钟。然后它们一整天待在外面觅食、活动。

出巢

　　黑鹳出巢前，往往先在自己的巢周围盘旋几圈，看看有没有敌人潜伏在四周，当确定没有异常后，就向前方飞去。

49

黑鹳性情机警，一受到惊吓便会远远飞走，直至危险消失才会返回来。

中午进餐时间一般在十二点钟左右，由于食量较大，有时会飞到好几个地方觅食。吃完饭后，静静站立着休息；有的会三三两两在河边散步，整理羽毛；有的也会在低空飞行。

归巢

　　傍晚五点半左右，太阳快要落山了，黑鹳吃过晚饭，它们要归巢夜宿了。回家时也和早晨飞出时一样，先在巢周围盘旋几圈，没有发现异常后才会飞入巢穴。

迁徙

　　大多数黑鹳是迁徙的高手，而且善于长距离飞行，只有很少的个体或种群不迁徙。根据人造卫星跟踪记录，黑鹳最远的迁徙距离为7000km。它们的飞行能力极强，可以借助气流翱翔蓝天、翻过高山、穿越海峡和沙漠。每年3～5月到达繁殖地，多在8月初至10月离开繁殖地迁往越冬地，途中要花费一两个月的时间。

　　科研人员观察研究发现，分布在山西灵丘繁殖地的黑鹳，有一部分仍留在当地越冬，少部分会飞到南方去越冬。

第五篇 寻觅食物

黑鹳是大型涉禽，它们以小鱼、小虾等动物性食物为主，有时还会吃一些昆虫、蚯蚓、蜥蜴、蛙类、螃蟹等动物。

到达觅食区后，它们也是先在天空盘旋数圈，当确定周围没有危险后，才会降落开始进食。进食时步履轻盈，行动小心谨慎，走走停停，锐利的目光紧盯着河水。遇到食物时，急速将头伸出，利用锋利的嘴尖突然啄食。如果河水较深，它们也会把大半个身子潜入水中，仅尾部露在水面外。

55

　　黑鹳的食量比较大，早晨、中午和傍晚都要进食。它们一般都是三五结伴，很少单独行动。爸爸妈妈也会紧紧看住自己的孩子，防止发生危险。黑鹳有时会和苍鹭、野鸭等水鸟混群活动，但是遇到惊扰又会各自分开。

食量

　　黑鹳一次要吃 10 ～ 20 条长约 10cm 的小鱼，停歇十几分钟后继续觅食。丰富、充足的食物来源是它们生存繁衍的保证。

春季，黑鹳忙于求婚、配对、修巢，活动量大，所需的能量也较大，这时，要摄取营养丰富的食物来补充体能。

夏季，生育了 2 ~ 4 只幼鹳的黑鹳，这时除了自己需要补充体能外，还需摄取大量的食物来供养幼鹳的成长。

哺育期

　　秋季，幼鹳长成，原来的一对成鸟变成了 4 ～ 6 只大鹳，对食物的需求量更是大大增加，这时对食物的需求量达到一年中最高峰。

　　冬季，由于食物的限制，部分黑鹳迁徙到了其他地方越冬。留在繁殖地的黑鹳开始集群越冬。

　　冬季觅食的地方比较固定，一般都距离黑鹳栖息的巢穴较近，活动范围也比春夏季节较小，觅食的地域在不结冰、水温适宜的河流草滩湿地，这些地方适宜觅食。

食物种类

黑鹳的食物中，鱼类以条鳅、泥鳅最多，其次为蛙类、甲壳类。冬季由于河水寒冷，浮游生物减少，为了生存需要，当不能从河水中寻觅到小鱼、小虾时，黑鹳就在河滩湿地、草丛中寻觅昆虫及蚯蚓等充饥。

第六篇 与人类的关系

在自然环境中，多种生物相依共存，某种生物的灭绝，会引起整个生物链的崩溃，最终给人类带来灾害。

黑关于人类息息相关，和谐共存，成为人类生态环境的"晴雨表"，随时昭示着生态环境的优劣，是人类生存中不可或缺的朋友。

你好吗？人类

再见吧，人类朋友

黑鹳是我们的朋友啊

我的家在灵丘

北京也是我的家

老鹳草的故事

相传孙思邈云游采药时，发现老鹳飞得雄健而有力，还常啄食一种草，孙思邈就采回很多这种无名小草，煎熬汤汁，让前来应诊的风湿病患者服用，并带些药草回去自己熬汤服用。过了一些时日，原来双腿及关节红肿的患者肿消痛止，并且可下地行走了。各地山民知道后慕名前来治病，络绎不绝。有许多经过治疗痊愈的风湿病人，请孙思邈给此药草起一个名字，孙思邈略思片刻称道：此药草是老鹳鸟发现的，应归功于老鹳鸟，就取名为"老鹳草"吧！由于中药老鹳草对风湿病确有显著的疗效，民间习用的老鹳膏和老鹳草外用膏药治疗风湿痹症一直流传、沿用至今。

"神鸟"的传说

　　相传很久以前，有个放牧的人把一只黑鹳打死后拣了回去。不久，几百只黑鹳乌压压地徘徊在牧人所在村子上空，不肯落下来。接着，天空电闪雷鸣，下起了倾盆大雨，大雨下了几天几夜。周边的村民都受到了不同程度的水灾。一只美丽的大鸟托梦给牧人，说这是因为黑鹳被打死的缘故，只有将黑鹳奉为"神"，才能解除此难。村民们照办了，天气果然变好了，村民们平安无事了。从此，村里再也没有人打过这种鸟，黑鹳成为当地人心目中一种可以带来吉凶祸福的"神鸟"，保护"神鸟"也成了村民代代相传的规矩。

黑鹳群栖高压塔上

人类活动对黑鹳生存的影响

　　长期以来，人类的经济开发活动对黑鹳等鸟类生存的自然环境产生了深刻的影响。对鸟类产生威胁的主要表现，是鸟类的种类和数量都在日益减少。威胁鸟类方式，一是乱捕滥杀，直接构成对鸟类的损害；二是破坏鸟类的栖息环境，间接影响鸟类的生存。

　　黑鹳体型较大，羽色鲜明，起飞迟缓，常在明显暴露的水域觅食，很容易遭受人们的猎杀。在高树或悬崖峭壁之上，巢大而明显，且孵卵期和幼鸟生长时间较长，因而卵和雏鸟也易受到天敌的毁坏和人类的掏猎。特别是近些年来，经济的迅速发展，人口的急剧膨胀，即使十分偏远的地区，都有人类居住或涉足，因此黑鹳遭受人类直接威胁的程度也十分严重。

　　水域面积的日益缩减，水域环境的严重污染也是威胁黑鹳生存的重要因素。由于工农业生产的迅速发展，人类对水的需求量越来越大。许多河流原来流量较大，河床宽阔，林木、水草茂盛，是黑鹳时常觅食的区域。但由于人类的作用，导致水量减小、河床变窄，有些河流、水域甚至干涸，使黑鹳的分布范围受到影响。更为严重的是来自化工、轻工、冶金三大工业生产中排放出来的废气、废水、废渣

和农业用的化学农药，其中的有害物质如汞、铬、苯、有机氯等通过多种渠道进入水中，使得水生生物受到毒害而大量减少，从而使黑鹳的食物来源受到影响，其数量也必然相应减少。水质的污染也使得生活在水中的昆虫、鱼类、蛙类等水生动物体内含有微量农药和重金属残毒，通过食物链的途径，这些有害物质有可能在黑鹳体内富集，使黑鹳因疾病残废直至死亡，更危及黑鹳的繁衍，使这个珍贵物种濒临灭种的危机。

和谐共存

黑鹳对环境变化非常敏感，是环境优劣的指示动物。就是说，一个地方如果大型鸟类能够群栖和自由繁衍，就可以称之为是环境友好、和谐发展、生态平衡的家园。"绿水青山就是金山银山"，要逐步理顺人与自然的关系。目前，我国在一些地方建立黑鹳保护区，确立"黑鹳之乡"等，对保护黑鹳起到了很好的作用。

授予：山西省灵丘县

中国黑鹳之乡

中国野生动物保护协会
二〇一〇年七月

保护黑鹳

2002 年 6 月，山西省人民政府批准建立山西灵丘黑鹳省级自然保护区。2010 年，中国野生动物保护协会授予灵丘县"中国黑鹳之乡"称号。

保护区开展了大量的宣传教育活动来提高群众保护生态环境，保护野生动物的意识。

人工投食

　　食物短缺是影响黑鹳越冬、繁殖的重要因素。建立黑鹳自然保护区后，保护区工作人员每年冬季都要在黑鹳主要觅食地开挖鱼塘，在冬季和黑鹳的繁殖季节要在野外投放泥鳅等食物，以缓解黑鹳食物短缺状况。

野生个体救护

为了保证野生黑鹳伤病个体得到及时发现和救治，保护区成立了野生动物救护中心和野生动物疫源疫病监测站。每年对受到疫病影响和遭受天敌及人为伤害的黑鹳进行救护，起到了很好的保护作用。

环志研究

对救助放飞的黑鹳进行环志，通过环志，监测黑鹳的活动范围、迁徙路线、觅食区域和夜宿地，掌握黑鹳的活动规律和种群动态，用科学的方法对黑鹳加强保护，使这个珍稀物种不断壮大。

图书在版编目（ＣＩＰ）数据

黑鹳的故事 / 山西灵丘黑鹳省级自然保护区管理局主编.
-- 北京：中国林业出版社, 2018.5
（绿野寻踪）
ISBN 978-7-5038-9513-5

Ⅰ. ①黑… Ⅱ. ①山… Ⅲ. ①鹳形目－基本知识 Ⅳ. ①Q959.7

中国版本图书馆CIP数据核字(2018)第069213号

出　版	中国林业出版社（100009 北京西城区德内大街刘海胡同 7 号）
网　址	www.cfph.com.cn
E—mail	Fwlp@163.com
电　话	(010) 83143615
发　行	新华书店北京发行所
印　刷	固安县京平诚乾印刷有限公司
版　次	2018 年 5 月第 1 版
印　次	2018 年 5 月第 1 次
开　本	880mm × 1230mm　1/24
印　张	3
定　价	20.00 元